XUE KE XUE MEI LI DA TAN SUO

学科学魅力大探索

破译密码解读

方士娟 编著 · 丛书主编 周丽霞

探险：探险家的大冒险

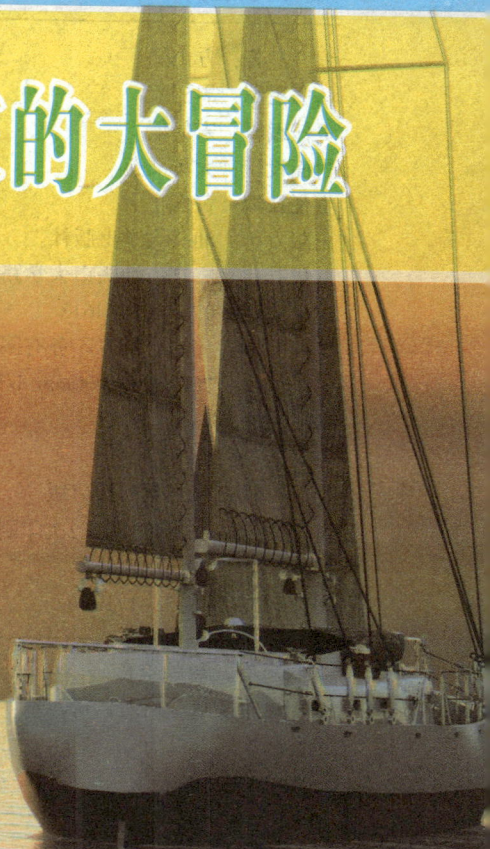

汕头大学出版社

图书在版编目（CIP）数据

探险：探险家的大冒险 / 方士娟编著. -- 汕头：
汕头大学出版社，2015.3（2020.1重印）
（学科学魅力大探索 / 周丽霞主编）
ISBN 978-7-5658-1710-6

Ⅰ. ①探… Ⅱ. ①方… Ⅲ. ①探险－世界－青少年读
物 Ⅳ. ①N81-49

中国版本图书馆CIP数据核字(2015)第028205号

探险：探险家的大冒险　　　　TANXIAN: TANXIANJIA DE DAMAOXIAN

编　　著：方士娟
丛书主编：周丽霞
责任编辑：宋倩倩
封面设计：大华文苑
责任技编：黄东生
出版发行：汕头大学出版社
　　　　　广东省汕头市大学路243号汕头大学校园内　邮政编码：515063
电　　话：0754-82904613
印　　刷：三河市燕春印务有限公司
开　　本：700mm×1000mm 1/16
印　　张：7
字　　数：50千字
版　　次：2015年3月第1版
印　　次：2020年1月第2次印刷
定　　价：29.80元
ISBN 978-7-5658-1710-6

前言

　　科学是人类进步的第一推动力，而科学知识的学习则是实现这一推动的必由之路。在新的时代，社会的进步、科技的发展、人们生活水平的不断提高，为我们青少年的科学素质培养提供了新的契机。抓住这个契机，大力推广科学知识，传播科学精神，提高青少年的科学水平，是我们全社会的重要课题。

　　科学教育与学习，能够让广大青少年树立这样一个牢固的信念：科学总是在寻求、发现和了解世界的新现象，研究和掌握新规律，它是创造性的，它又是在不懈地追求真理，需要我们不断地努力探索。在未知的及已知的领域重新发现，才能创造崭新的天地，才能不断推进人类文明向前发展，才能从必然王国走向自由王国。

　　但是，我们生存世界的奥秘，几乎是无穷无尽，从太空到地球，从宇宙到海洋，真是无奇不有，怪事迭起，奥妙无穷，神秘莫测，许许多多的难解之谜简直不可思议，使我们对自己的生命现象和生存环境捉摸不透。破解这些谜团，有助于我们人类社会向更高层次不断迈进。

其实，宇宙世界的丰富多彩与无限魅力就在于那许许多多的难解之谜，使我们不得不密切关注和发出疑问。我们总是不断去认识它、探索它。虽然今天科学技术的发展日新月异，达到了很高程度，但对于那些奥秘还是难以圆满解答。尽管经过许许多多科学先驱不断奋斗，一个个奥秘不断解开，并推进了科学技术大发展，但随之又发现了许多新的奥秘，又不得不向新的问题发起挑战。

宇宙世界是无限的，科学探索也是无限的，我们只有不断拓展更加广阔的生存空间，破解更多奥秘现象，才能使之造福于我们人类，人类社会才能不断获得发展。

为了普及科学知识，激励广大青少年认识和探索宇宙世界的无穷奥妙，根据最新研究成果，特别编辑了这套《学科学魅力大探索》，主要包括真相研究、破译密码、科学成果、科技历史、地理发现等内容，具有很强系统性、科学性、可读性和新奇性。

本套作品知识全面、内容精炼、图文并茂，形象生动，能够培养我们的科学兴趣和爱好，达到普及科学知识的目的，具有很强的可读性、启发性和知识性，是我们广大青少年读者了解科技、增长知识、开阔视野、提高素质、激发探索和启迪智慧的良好科普读物。

目　录

探索海上死亡区

两起相同的空难

1969年7月30日，西班牙各家报纸都刊登了一条消息，该国一架"信天翁"式飞机于1969年7月29日15时50分左右在阿尔沃兰海域失踪。人们得到消息后，立即到位于直布罗陀海峡与阿尔梅里亚之间的阿尔沃兰进行搜索。由于那架飞机上的乘员都是西班牙海军的中级军官，所以军事当局相当重视，动用了十多架飞机和四艘水面舰船。但人们搜寻了很大一片海域后，只找到了失踪飞机上的两把座椅，其余的什么也没发现。

在这次事故发生前两个月，即同年的5月15日，另一架"信天翁"式飞机也在同一海域莫名其妙地栽进了大海。

那次事故发生在18时左右，机上有8名乘务员。据目击者说，当时那架飞机飞行高度很低，驾驶员可能想强行进行水上降落而未成功。机长麦克金莱上尉侥幸生还，他当即被送往医院抢救。尽管伤势并不重，但他根本说不清飞机出事的原因。

人们还在离海岸不远的出事地点附近打捞起两名机组人员的尸体。后来几艘军舰和潜水员又仔细搜寻了几天，另外5人却始终没找到。

据非官方透露的消息说，这次飞行本来是派一位名叫博阿多的空军上尉担任机长的，临起飞时才决定换上麦克金莱。这样，博阿多有幸躲过了这次灾难。然而，好运并没能一直照顾他。时隔两个月，已被获准休假的博阿多再次被派去担任"信天翁"式飞机的机长。这次，他回不来了。

这一事实促使人们得出结论，这是两起一模一样的飞机遇难事故。两架相同类型的飞机从同一机场起飞，由同一个机长驾驶，去执行同一项反潜警戒任务，在同一片海域遇上了相同的灾难。但谁也无法解释，失踪的"信天翁"式飞机发回的最后呼叫"我们正朝巨大的太阳飞去"，这究竟意味着什么呢？

四架飞机一起扑向大海

西地中海"死亡三角区"的三个顶点分别是比利牛斯的卡尼古山，摩洛哥、阿尔及利亚和毛里塔尼亚共同接壤的延杜夫，再加上加那利群岛。在这片多灾多难的海域不断发生着飞机遇难和失踪事件。

1975年7月11日上午10时，西班牙空军学院的四架"萨埃塔"式飞机正在进行集结队形的训练飞行。突然一道闪光掠过，紧接着四架飞机一齐向海面栽了下去。

附近的军舰、渔船以及潜水员们都参加了营救遇难者和打捞飞机的行动，他们很快就找到了5名机组人员的尸体。但是，这四架刚刚起飞几分钟的飞机为什么要齐心合力朝大海扑去呢？西班牙军事当局对此没有做任何解释，报界的说法是"原因不明"。

有人做过统计，从1945年第二次世界大战结束至1969年的20多年的和平时期中，地图的这个小点上竟发生过11起空难，229人丧生。飞行员们都十分害怕从这里飞过。他们说，每当飞机经过这里时，机上的仪表和无线

电都会受到奇怪的干扰，甚至定位系统也常出毛病，以致搞不清自己所处的方位。这大概就是他们把这里称作"飞机墓地"的原因吧！

七具尸体和六个西瓜

如果说飞机失事是因定位系统失灵导致迷航的，那么对货轮来说就令人费解了，因为任何一位船员都知道太阳就可以用来作为确定方向的参照物。

西地中海的面积并不大，与大西洋相比，气候条件也算是够优越的。然而，在这片海域失事的船只一点儿也不比飞机的数量少。

这里发生的最早的船只遇难事件是在1964年7月，一艘名为"马埃纳"号的捕龙虾的渔船不幸遇难，有16名渔民丧生。此事相当奇怪，引起了人们各种各样的猜测。但8月8日西班牙报纸刊登这则消息时却说"没有一个合情合理的解释"。

事情的经过是这样的：7月26日22时30分，特纳里岛的一个海

岸电台收到从一艘船上发来的一个含糊不清的"SOS"呼救信号。但它既没有报出自己的船名，也未说出所在的方位。23时整，该电台又收到一个相同的告急信号，之后就什么也听不到了。

第二天上午10时45分，海岸电台收到另一艘渔船发来的电报，说他们在距离博哈多尔角以北几海里的海面上发现了七具穿着救生衣的尸体。

有人认出他们是"马埃纳"号上的船员。电文还说7具尸体旁边还浮着一只空油桶和六个西瓜，此外什么都没发现。

为了寻找可能的生还者，海岸电台告知那片海域上的渔民和船员，让他们也沿着前一艘渔船的航线航行。过了一天，一艘渔轮报告说找到三具穿救生衣的尸体。几十艘船在这里又整整搜寻了三天，均一无所获，后来在非洲大陆一侧的沙滩上又发现了两具尸体。这样，一共找到了12个人，其余4人始终没有下落。

事后人们提出了许多疑问，比如：在相隔半小时的两次呼救信号中，"马埃纳"号的船员怎么没能逃生呢？他们为什么两次都不报出自己的船名和方位？也许那些穿着救生衣的人是被淹死的？可遇难地点离海岸只有1海里，为什么船上那些水性娴熟的船员竟连一个也没能游到岸边？

还有人推测说他们是饿死的。但是这似乎站不住脚，因为最先被捞上来的那七名船员在海里最多待了9个小时，这么短的时间，一般是不大可能饿死人的。还有一种认为船上发生过爆炸事故的假设也可以被推翻，因为捞上来的尸体完全没有伤痕。任凭人们如何猜测，制造了这场灾难的大海一直保持着沉默。

全体船员迷失方向

地中海7月份的气候总是风和日丽的。1972年7月26日上午，"普拉亚·罗克塔"号货轮从巴塞罗那朝米诺卡岛方向行驶。到了下午，不知怎么回事，这艘货轮掉转船头驶到原航线的右边去了。

原来，船上的导航仪奇怪地受到了干扰，并且船长和所有的船员没有一个人能够辨明方向。出发时船长曾估计，他们在第二天上午10时左右即可抵达目的地。但次日凌晨5时，"普拉亚·罗克塔"号遇到的几名渔民却说，这里离他们要去的米诺卡岛足有几百海里。

很难设想，在这段时间里，这艘货轮上所有的人都丧失了理智或喝醉了酒，以至连辨认方向的能力都没有了。这又是一起没人说得清楚的海上谜团。

延 伸 阅 读

在我国西北地区，由于长年干旱少雨，造成大面积沙化，历史上很多水草丰美的村镇都变成了杳无人烟的沙漠。但由于沙漠湿度较低，也保存了大量的历史文物。

"魔鬼海"海域探秘

太平洋上的"魔鬼海"

神秘莫测的百慕大三角是令人生畏和难以捉摸的海区，有不少舰船和飞机在那里惨遭不幸或无缘无故地销声匿迹。直至今天，科学家也未能解开它的神秘之谜。

正当海洋学家们为寻找打开百慕大三角之谜的钥匙而绞尽脑汁时，又一个"百慕大"出现在科学家们的面前。在日本千叶县野岛崎以东洋面上出现了一个以沉没巨轮而闻名的"百慕大"，人称太平洋上的"魔鬼海"。

野岛崎位于日本房总半岛的最南端，它本来是个岛屿。1703年，一场大地震使海底隆起来而变成了半岛，与横须贺隔海相望，其间便是船舶进出东京湾的门户——浦贺水道。

所谓"魔鬼海"，就是指北纬30°至36°，东经144°至160°之间的一片海域。

1952年9月18日，日本"妙神丸"号渔轮返回港口时，渔民们都说海面上"恶浪翻滚形成了巨大的穹顶"。

这可能是海底火山爆发。著名的富士山山脉从伊豆半岛一直向南延伸至马里亚纳群岛，日本列岛的大部分地震都是由它引起的。当这片海域的海底火山喷发时，海浪喧腾咆哮，能掀起异常可怕的巨浪并形成海啸，有时还会涌上海岸，给沿岸的村庄带来深重的灾难。对此，日本渔民十分恐惧。

考察船赶赴"魔鬼海"

日本科研人员对"妙神丸"号渔轮的报告表现出了极大的兴趣。在获得消息的第三天，即9月21日，日本航海安全署派出了自己的考察船。与此同时，东京渔业大学也召集了一批科研人员乘"新阳丸"号考察船赶赴"魔鬼海"。这些科研人员都是日本科学界有威望的学者，分别来自东京大学、东京教育大学、东京科学博物馆和其他研究机构。

9月24日，这两艘考察船先后完成任务安全返回。日本水文地理署的工作人员看着他们的考察报告，开始为自己派出的"海阳5丸"考察船担心了。这艘船也是9月21日离开东京的，上面有不少学者。一连等了几天，也没有得到"海阳5丸"的任何消息。这时整个日本都惊惶不安起来，因为船上有几位日本最著名的地质学家和海洋学家，还有20多名船员。

令人疑惑不解的是，这艘考察船自离港后连一份电报也没发

回过。派出去寻找的人员陆续回来，他们报告说，除了一座新的火山喷发以外，其他什么也没有发现。

接连不断的失踪事件

不久，日本海事当局正式宣布"海阳5丸"失踪了。在此之前，政府曾派出大批飞机和船只四处搜寻，最后都毫无线索。最重要的收获便是在新发现的那座火山附近的海面上找到的一些碎木块。除此之外，人们连一个浮筒、一艘橡皮艇或一具尸体也没看见。这次灾难使日本科学界蒙受了无法挽回的巨大损失，而灾难本身就具有一种神秘莫测的色彩。

人们在问：为什么没有收到"海阳5丸"的任何电文？为什么它不在最危险的时刻发出呼救信号？即使海底火山喷发再凶，也总该在附近海面发现尸体吧？为什么没有呢？更加令人惊愕的是，这艘装有几十吨汽油的考察船竟然没有留下一丝一毫的油迹！

　　1969年1月5日，日本54000吨级的矿砂船"博利瓦丸"在该海域被断成两截，31名船员中只有两人获救；1970年1月5日，利比里亚万吨级油轮"索菲亚卫"号断成两截沉没，接着另一艘万吨级油轮"安东尼奥斯·狄马迪斯"号在2月6日沉没了，两艘船上共有16名船员失踪或死亡；2月9日，一艘60000吨级的矿砂船"加利福尼亚号"在"魔鬼海"又沉没；1980年年底，一艘由美国洛杉矶驶往中国的南斯拉夫货轮"多河号"在"魔鬼海"遇到险情后突然失踪了。

　　据日本报界报道，从1949年至1954年，先后有9艘船在"魔鬼海"失踪，其中除两艘船失踪后找到一碎片以外，其余7艘船则什么痕迹也没有留下。1973年日本海岸警卫队发表了"白皮书"，声称从1968年至1973年，在日本海失踪的渔船有数百艘。

　　1957年4月19日，日本轮船"吉川丸"沿"龙三角"航线归

国途中，船长和水手们突然清楚地看到两个闪着银光、没有机翼、直径十多米长、呈圆盘形的金属飞行物从天而降，一下子钻入了离轮船不远的水中，随后海面上掀起了奔腾的涌浪。

1981年1月2日17时47分，希腊货轮"安提帕洛斯"号在"魔鬼海"突然失踪。科学家们发现，在"魔鬼海"附近失踪的船舶有的竟连无线电呼救信号也来不及发出；有的虽发出了"SOS"信号，但是当救助飞机赶到时，巨轮早已无影无踪，在海面上仅留下漂浮物和浮油。

1981年4月17日，"多喜丸"航行在日本东海岸外海，忽然间，一个闪出蓝光的圆盘状物体从海中冒出来，掀起一阵大浪，差点儿把"多喜丸"打翻。它在空中盘旋着，速度极快，无法看清它的外表细节，直径在200米左右。在它出现时，船上无线电通信失灵，仪表的指针也乱作一团，疯狂地快速旋转。后来，它重新飞回海中，又造成大浪，把"多喜丸"的外壳打坏了。

船长臼田计算了一下时间，来自海中的发光飞行物从出现至隐没共约15分钟；然而就在它钻回水下后，船长发现船上的时钟奇异地慢了15分钟。

"魔鬼海"沉船奥秘

"魔鬼海"沉船的奥秘究竟在什么地方？据海洋气象学家观察，北太平洋冬季的风浪是很大的，但对于万吨，特别是几万吨以上的巨轮来说，这些风浪实在无法将其掀翻或折断。不过，科学家们认为，"魔鬼海"附近的风浪与北太平洋其他海域的风浪不太一样。在"魔鬼海"，常常会看到能掀起高达20米至30米金字塔形的"三角波"。

　　"三角波"就是巨轮沉没的罪魁祸首，可"三角波"又来源于哪儿呢？海洋科学家们做出了很多猜测，但由于人类还未能获得有关"魔鬼海"的第一手资料，因此也仅仅是猜测而已。

延伸阅读

　　1928年2月28日，一艘6000吨级的美国轮船"亚洲王子"号，驶离纽约港，经巴拿马运河驶入太平洋。一个星期之后神秘失踪，驻夏威夷的美国海军闻讯前往搜寻，但一无所获。

欧洲探险队的覆灭

因何去探险

15世纪后期,欧洲探险家想从西北或东北的航行中找出前往亚洲的航路。当时,正值西班牙和葡萄牙的鼎盛时期,他们从美洲和印度、中国等亚洲国家的贸易中获得了巨大的利益。

英国也想奋起直追,但是已有的航道被西、葡两国霸占,所以摆在面前的第一个难题就是寻找通往东方的航线。当时,人们已经知道挪威北部并没有结冰,于是探险家们开始了他们寻找西

北航线的北极探险，并为此而前赴后继地奋斗了几个世纪之久。

1845年，英国政府决定设立两项巨奖：以20000英镑奖励第一个打通西北航线的人，以5000英镑奖励第一艘到达北纬89度的船只。正是这两项巨奖导致了北极探险史上最大的一次悲剧。

探险队准备出发

富兰克林的两只探险船是"恐怖"号和"黑暗"号，这两艘船不仅装备有当时最先进的蒸汽机螺旋桨推进器，在需要时还可以将这种螺旋桨缩进船体之内以便于清理冰块，而且还装备了前所未有的可以供暖的热水管系统。此外，它们还装有厚厚的橡木横梁以抵挡浮冰的冲撞和挤压，人们认为这种新式的探险船完全可以冲

破西北航线上的冰障。

　　1845年5月19日，富兰克林率领129人的探险队出发了，他们首先驶向格陵兰岛，然后沿加拿大北海岸西行。当时，几乎所有人都认为成功是必然的，那两项巨额奖金肯定会被富兰克林获得。

　　按照富兰克林的计划，当探险队驶经巴芬湾时，船会在冰层中被冻住，熬过冬季，待夏季解冻时，远征队再继续向西行驶，直至下一个冰冻期降临为止。

　　船上储备的食物及物资足够用3年，包括61987千克面粉、16749公升饮料、909千克为治病用的酒、4287千克巧克力、1069千克茶叶、大约8000桶罐头、15100千克肉、11628千克汤、546千克牛肉干和4037千克蔬菜。他们预定于1848年抵达太平洋。

探险队的失踪

　　自从1845年7月下旬有些捕鲸者在北极海域看到了富兰克林的船队后，便再也没有他们的任何消息。至1848年年末，英国方面确信富兰克林的队伍已经失踪，不过搜索者们一直没有找到任何可信的证据。

至1854年，在北极居民因纽特人中流传的消息传到了英国，这些消息说：有一群来路不明的白人正在北极的海岸边奄奄一息。哈得逊公司的约翰·雷博士把这个消息及遇难者的一些遗物带回英国，其中有富兰克林本人的一枚勋章，这些东西便成为证明富兰克林探险队遭难的最初线索。

对探险队实施救援

从1848年以后的十多年里，共有40多个救援队进入北极地区，展开大面积搜索。这些救援队伍大部分都是由政府派出的，但也有少数是个人资助的。其中最感人的是富兰克林的妻子简的不懈努力，她坚信自己的丈夫还活着，所以不惜一切代价先后派出四艘船到不同的地方去搜索。

特别有意思的是，她指示各个船长按照一个刚刚在爱尔兰死去不久的4岁女孩凭自己的灵感所画出来的神秘的航海图去进行搜索，而后来的结果却表明，这个航海图居然非常准确地指出了富兰克林出事的地点，因而成了一个耐人寻味的谜。

起先，人们还抱着一丝希望，但几年之后，事情已变得很清楚，任何救援活动

都已毫无意义,此后的努力只不过是为了搜索富兰克林探险队全军覆没的证据罢了。

线索的发现

1859年,利波尔德·麦克林托克船长在距布西亚半岛不远的威廉国王岛上发现了一条当年探险船上的救生艇,艇中装有死人的骨骼。而且,在救生艇附近,麦克林托克发现破碎的尸骨散落在四周。

麦克林托克发现了一件不寻常的事情:这群走投无路的水手拖着小艇逃难时,在艇中塞进了500多千克重的奇怪货物:茶叶和巧克力、银制刀叉、瓷器、餐具、衣物、工具、猎枪和弹药,偏偏没有探险船上储存的饼干或其他配给食品。都是些不能吃的东西——除非把人体也算进去!而因纽特人传播的消息中恰恰提到了吃同伴尸体的事。

没有谜底的迷

一个半世纪过去了,人们对于富兰克林探险队的覆没仍然觉得疑惑不解、扑朔迷离，似乎是一个永远也无法解开的谜。因为129名身强力壮的男子携带着足够使用三年以上的食物和物资，一去不复返，并且无一生还，这种惨案是难以解释的。

于是，科学家也来揭秘这个疑案了。在1981年至1982年，加拿大阿尔伯塔大学的人类学家欧文·比埃蒂和其他考古学家一起追踪当年的考察线路，结果在威廉国王岛上找到了31块骨骼，这些骨骼散布在一个石头窝棚遗址的四周。经过仔细研究和分析表明，这些骨骼属于同一个人体，年龄在22至25岁之间，无疑这是一名富兰克林探险队中的水手的尸骨。

比埃蒂对尸体的骨骼组织进行了分析，1982年，第一个微量元素分析结果出来了，比埃蒂惊讶地发现，在那位不知名的水手的骨骼中，铅元素的含量高达228%。也就是说，遇险水手的骨骼中的铅含量是正常标准的10倍。

　　19世纪40年代，铅在人们的生活中使用很广，即便如此，这也大大超过了当时的工业标准。这一结果立刻引起了比埃蒂的高度重视。那么，是什么原因引起如此严重的铅中毒的呢？据比埃蒂分析，虽然铅的来源可能是多方面的，来自茶叶的包装铅箔、铅合金的器皿和用铅镶嵌的用具等，但最主要的来源是罐头食品。原来听装罐头是1811年才在美国取得专利，作为一种新技术为皇家海军所用。而那时的密封罐头所用的焊料主要是铅和锡的合金，其中铅的含量高达90％以上。

　　这种焊料还有一个缺点，就是流动性差，所焊的缝隙常常会留下许多空隙，因而导致食物腐蚀变质。由此便引起了两个严重后果，一是导致食用者铅中毒，二是有相当大一部分罐装食品很快变质而无法食用。对富兰克林探险队来说，这两个结果都是致命的。

这很可能就是富兰克林探险队全军覆没的最根本的原因。1890年，英国政府正式颁布法律，禁止在食品罐头的内部采用焊锡，但对富兰克林来说实在是太晚了。

延 伸 阅 读

约翰·富兰克林爵士还是一名年轻的水手时就对北极十分向往。1818年，他随一支皇家海军探险队首次出征北极，后来他又先后率领两支陆地远征队前往加拿大北极地区勘测海岸线并绘制地图。

征服珠穆朗玛峰的勇士

攀登珠穆朗玛峰的前奏

世界最高峰的身影最早进入了欧洲山地探险家们的视野。1921年，英国登山探险家乔治·马罗列勇敢地踏上探索珠穆朗玛峰奥秘的征途。马罗列和他的探险队此行的目的是要找到这座披着神秘面纱的山峰的具体位置。

他们历经艰辛，费尽周折，终于在中国和尼泊尔之间找到了珠穆朗玛峰。虽然一切现代交通手段在它那里毫无用处，但在当地夏尔巴人的帮助下，马罗列一行对珠峰进行了一系列的详细考

察，为日后攀登珠峰打下了基础。

1924年，马罗列随同一支装备先进的英国登山队来到喜马拉雅山麓，准备向珠穆朗玛峰发起冲击。当地人都习惯于山地生活，他们帮助登山队把沉重的给养和设备背到了海拔7800多米的高山营地，成了最理想的帮手。马罗列和他的队友便从这里向顶峰攀登。

马罗列的两名队友在第一次攀登中登上了海拔8300米的高度，突破了当时世界登山史上的最高纪录。然而，可怕的暴风雪阻挡了他们前进的步伐。暴风雪把他们刮得晕头转向，好不容易等到风势稍弱，但他们携带的氧气已剩下不多，不能确保成功登上顶峰。他们俩只好怀着懊悔的心情踏上归途。

当天气好转、风力减弱，马罗列和一个年轻力壮的队友接着向顶峰攀登。他们艰难地越过了一道道峭壁冰川，在充满死亡威胁的道路上勇敢地前进着。好不容易到达了海拔8500米的高度，他们抬头望去，白雪皑皑的峰顶已近在眼前，他们俩心里真有说不尽的高兴，恨不得一步走完那剩下的路程。可是天有不测风云，一场更为猛烈的暴风雪在霎那间降临了，马罗列和队友被大风刮得无影无踪。直至10年后，人们才在珠穆朗玛峰脚下的积雪中找到了一把他们遗留下来的雪斧，成为他们的唯一遗物。

屡败屡战

整整10年过去了，在这期间一共有9支探险队一次又一次向珠穆朗玛峰发起冲击，企图征服这座神秘、险峻的山峰，但是他们的努力都因各种原因遭到失败。俗话说："失败是成功之母。"英勇无畏的探险家们虽然连续遭受了10次失败，但他们勇敢的尝试给后来者提供了信心和经验。

1953年3月，英国有史以来最强大的一支登山探险队聚集在尼泊尔首都加德满都，准备再次攀登珠穆朗玛峰。不久，这支探险队就出发到设在海拔3900米的第一登山营地。

探险队在营地里搭起了20个不同形状和颜色的帐篷，用来住

宿和存放食品、氧气等物品。一支由舍普族人组成的运输队担负运送一切给养和设备的任务。

探险队到达营地后立即开始了严格的登山练习和适应气候的训练。队员们都清楚地知道，面对珠穆朗玛峰这难以捉摸的"凶神"，只有做好最充分的准备，否则即使是最先进的设备和最周密的计划也无济于事。因此，人们不厌其烦地练习爬山技巧，扩大肺活量和增强肌肉，为从南坡攀登珠峰做精心的准备。经过三个星期的严格训练，探险队把基地移到海拔5400多米的昆布冰川，它横跨在令人心惊胆战的大山峰之间，是攀登珠穆朗玛峰的第一难关。这里不仅坡陡路滑，而且气候变化无常，常常会发生雪崩等意想不到的危险。

准备后的正式攀登

在高山基地稍作休整后，勇敢的登山队员们开始正式攀登。希拉里和另外三位队员担负在冰坡上开辟阶梯的任务，好让庞大

的运输队负重在上面行走。由于暴风雨、雪崩和冰川移动等影响，这项工作既艰苦又复杂。

他们缓慢而艰难地向上攀登，彼此间都用系绳连接着，以便有人不慎滑下冰坡时，同伴能及时把他拉上来。他们借助铝梯，爬过一个又一个深不可测的冰窟窿。遇到又滑又陡的冰坡，他们每前进一步都必须用雪斧凿出台阶。

在经历千难万险之后，登山队员们总算通过了这一冰川地区，转到了珠穆朗玛峰的南坡。这时，可怕的高山反应出现了，不少队员产生了思考力减退、萎靡不振的病状。

在困难面前，探险队员们表现得非常坚定沉着，他们不知疲倦地在冰上开辟道路，顺利到达了分别设在海拔7000米的第六营地和海拔7200米的第七营地。

5月26日早晨，第一支顶峰突击队开始出发攀登顶峰。查理斯·埃文和汤姆·鲍迪伦作为第一小组率先出发，他们在越来越险的道路上奋力攀登。在山口极目远望的人们，看到远处有两个身影正在努力向顶峰攀登，营地上立即沸腾起来，大家都期望他们能一举成功。

成功登上南高峰

中午过后，埃文他们登上了海拔8700米左右的南高峰，在此以前从未有人到达过这样的高度。向上仰望，通向顶峰的道路像一条狭窄的刀锋般的脊梁，它的一边是一个滑向几千米深冰河的陡坡，另一边则是一条冰柱悬挂的峭壁。他们俩都渴望继续先下继而后上向顶峰的脊岭前进。那多少年来人们可望不可即的顶峰离他们仅仅100多米。

在这令人振奋的时刻，埃文和鲍迪伦显得非常镇静，他们计算一下往返大约需要5小时的时间。真遗憾，时间已经太晚，此外，他们所带的氧气即将耗尽，经过一天的攀登，人也筋疲力尽。他们俩只好怀着终生的遗憾踏上归途。可是这时，他们俩的

　　脚似乎都有些不听使唤。忽然，埃文脚下一滑摔倒了，强大的惯性使他直往下滑，鲍迪伦急忙拉紧系绳，但他不仅没有拉住埃文，自己反倒被拉了下去。

　　两人一前一后急速地往下滑去，离深不见底的深渊仅有几米远了！危急时刻，鲍迪伦奋力挥斧卡住冰坡，下滑的速度渐渐慢下来，埃文和鲍迪伦才死里逃生。此后，他俩更加谨慎小心，但仍摔倒过好几次。

　　回到营地，他们的脸上沾满冰霜，像是从其他星球上来的天外来客。稍作休息后，他们便把自己所经历的一切告诉给第二个顶峰突击队的希拉里和坦辛。希拉里和坦辛都深知自己的责任重大，但他们满怀必胜的信心。

　　珠穆朗玛峰的气候变幻无常，当夜气温骤降，希拉里和坦辛开始向珠穆朗玛峰顶峰挺进。爬到陡坡的半腰间时，他们发现时间已经耗去过多，所幸的是支援队及时为他们送来了足够的氧气。于是，他俩用几个小时的时间在海拔8500米处的一块陡峭的岩壁旁搭起帐篷，准备在此过夜。吃过晚饭，他俩爬进各自的鸭绒睡袋，商量着明天的计划，慢慢进入了梦乡。

继续前行

一觉醒来，已是黎明时分。他们俩背上沉重的储氧器，一起向南高峰进发。在积雪深厚的山坡上，他俩一前一后艰难地攀登着。他俩爬上了那个刀刃般的狭脊，埃文和鲍迪伦曾从这里死里逃生。那条狭脊上积雪的陡坡一直通向南高峰。

希拉里在前开路，他用破冰斧凿出一个又一个台阶，他们就这样一步一步地爬着，终于爬上了这个巨大的雪坡。他俩都感到疲惫不堪，但谁也不愿意停止前进的步伐，哪怕是一寸一寸地向前挪动，也要攀上顶峰。经过几个小时的顽强拼搏，希拉里和坦辛登上了南高峰，看到了通向峰顶的最后一道脊岭。他们深知能否翻越这条威严可怕的脊岭，是这次攀登计划能否实现的关键。他们十分仔细地观察了周围的地形，发现只有在两边峭壁夹峙的

积雪斜坡上开辟一条能立足的小道，他们才能够前进一段路。希拉里继续在前开路，坦辛紧跟在后面。

一个多小时后，一道障碍挡住了他们的去路。这是一块有12米多高的巨大岩石，它的左面光滑得像一面镜子，右面只有一条夹在岩石和峭壁间的狭长裂缝，只能容纳一个人勉强挤进去。要攀上悬崖的唯一办法是用背部和肩膀紧紧贴住裂缝的一边，把脚顶住另一边，借助身体各部的力量把自己推上去。希拉里用这种办法先爬上了石壁，接着，坦辛用同样的办法攀登了上来。

成功到达顶峰

眼看离峰顶越来越近，希拉里和坦辛顾不得劳累，继续在斜坡上一边开路，一边前进，恨不得一步跨上顶峰。不知不觉又过了一个多小时，攀登似乎还没有尽头，他们都不免有些焦急起来。就在这时，走在前面的希拉里突然发现前面的脊岭不再继续上升，而是忽然下降了。

他抬头望去，在他们的上面除了缭绕的云雾之外，再也没有其他任何东西。他们兴奋地向上爬了几步，高傲、冷酷的"女

神"终于第一次被勇敢无畏的探险者踩在脚下。这时是1953年5月29日。

　　此时此刻，希拉里和坦辛感到万分高兴，他们互相握手、拥抱，然后坦辛打开了联合国、英国、印度和尼泊尔的旗帜，希拉里拍下了这难忘而又珍贵的镜头。希拉里和坦辛从南坡攀登上世界最高峰的消息迅速传遍世界各地，它标志着人类在探索地球奥秘的道路上又迈出了可喜的一大步。

延 伸 阅 读

　　1960年5月25日北京时间4时20分，年轻的中国登山队队员王富洲、贡布（藏族）、屈银华集体安全地登上了世界最高峰——海拔8882米的珠穆朗玛峰，从而完成了人类历史上的从珠穆朗玛峰北坡攀上顶峰的壮举。

"空中河流" 探秘

战斗机离奇消失

1982年4月间，在冲绳岛美军空军基地，有5架当时最为先进的战斗机升空在高空做编队变化演习。当时晴空万里，西太平洋的上空能见度非常高，可以说是适合高空飞行演习的最好天气。

飞机一架架升起，在基地指挥部的命令下，飞机在高空不断地变换队形。演习指挥员菲尔德上校在基地的雷达屏幕前十分喜悦地观看表演。

突然间，菲尔德上校惊呆了：飞机在雷达屏幕上排成"人"字形不动了！此时，飞行队队长普波兰得尔少校通过无线电波传来了呼叫之声："报告指挥官，不好了，飞机的发动机突然间全部熄火了，我们的飞机像是漂浮在河水之中……"

话还没有说完信号就中断了，接着雷达荧屏上的飞机也消失了。就此，这几架正在演习的战斗机离奇地消失了。美军派出多架侦察机搜寻，但是毫无结果。过了约3年，他们在秘鲁安第斯山脉荒无人烟的高原地区发现了两架美军飞机的残骸。

经美空军专家们实地查证，这正是美军当年在西太平洋上空演习时失踪的飞机，但是寻找不到驾驶员的尸体残骸，而且另外几架飞机也不知下落。

是什么力量在作怪

令科学家们不解的是，这几架演习的飞机当时在高空突然停机熄火，并未下滑，而是被一股无形的力量托住，处于漂浮状态，遇上了离奇的"空中河流"。

这种所谓"空中河流"的怪事早在第二次世界大战中就发生过。1943年5月间，美国和日本的海空军在太平洋南部各岛屿之间展开激烈的拉网战，美军的空军英雄戈巴得里上尉驾驶着一架侦察机在所罗门群岛一带海域侦察日军舰队的动向。

当戈巴得里上尉驾机飞行到巴里尔岛屿的海岸线一带时，飞机突然在高空中停滞不前，接着开始后退，像被一股无形的力量推动着，漂浮在水面上。由于戈巴得里上尉的驾驶技巧娴熟，他见飞机不能前进，只得返回基地。

欧洲战场的空中怪事

1944年年底，苏联红军对法西斯德国发动了全面反攻，当飞机完成任务开到明斯克机场上空准备降落时，飞机突然停在机场上空不动了。机场指挥官因怕飞机突然跌落地面，命令5架飞机的全部机组人员立即跳伞，当全部机组人员踏上地面以后，像从水

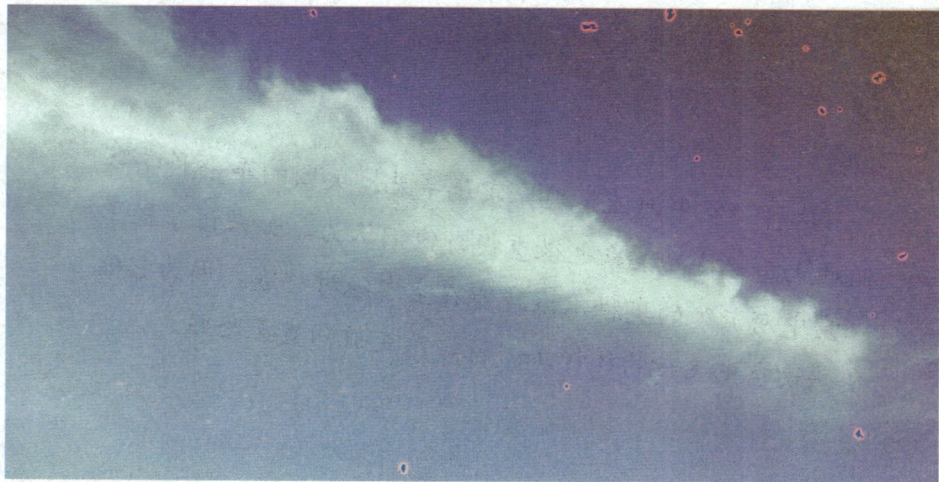

中爬出来的一样，全身湿透了。

这几架飞机在所有人员跳伞逃生五六分钟后在空中消失了，苏军用雷达各处搜寻也没找到。

要揭开"空中河流"的奥秘，尚有漫长的路要走，因为人类现今连高空气流的变换因素与规律都尚未完全搞清楚。

延　伸　阅　读

这种"空中河流"现象实属罕见。美国的军事科学家们对此高空特异现象也很重视，他们认为，如果谁掌握了"空中河流"的奥秘，谁就能在空中绝对称霸，因为它能使一切空中飞行物体停止运行，改变航向直至坠毁。

冰海绝地求生路

探险队一路前行

　　1914年8月8日，当皇家南极探险队驶离英格兰的普利茅斯港时，恰逢第一次世界大战爆发。沙克尔顿的船是一艘三桅木船，它能够经受冰的撞击，船名叫"北极星"，这是挪威最有名的造船厂建造的，造船的木料是栎木、枞木以及绿心奥寇梯木，都是十分坚实的木头，需用特殊工具才能加工。沙克尔顿将船重新命名为"坚忍"号。

　　"坚忍"号一路向南驶去，探险队最后的停泊港是南乔治亚岛，这是不列颠帝国在亚南极区的一个荒凉的前哨，只有少量的挪威人住在那儿。离开南乔治亚岛后，"坚忍"号扬帆驶向威德尔海，这是毗邻南极洲的有大量流冰群出没的危险海域。在六个多星期里，"坚忍"号一直沿着漂着冰群的海路航行。

探险船只被冻结在海中

　　1915年1月18日，探险队距最后的目的地还剩大约160千米的路程时，大片流冰群包围了船，急剧下降的温度使海水结冰，结果将船周围的冰块冻结成一体，"坚忍"号被卡住了。一些船员是来自皇家海军的职业水手，一些是曾在北大西洋的酷寒中工作过的粗犷的拖网渔民，还有一些是刚从剑桥大学毕业的学生，他们是作为科学家参加探险的。沙克尔顿很失望，简直是到了悲伤的程度。他已年届40岁，筹划此次远征耗去了他的大量精力，欧洲正忙于一场大战，往后很难再有这样的探险机会了。沙克尔顿下令在冰上扎营。冰海上的营盘成了大伙的新家，食物从半沉没的"坚忍"号上打捞了上来。南半球正值夏季，气温升到了1℃，半融化的松软的积雪使行走变得十分困难，大家的衣服总是湿乎乎的，然而每晚气温骤降又把湿透的帐篷和衣服冻得硬邦邦的。他们的主食是企鹅加海豹，海豹的脂肪成了唯一的燃料。

暂时的避风港湾

至4月份，营盘下面的冰开裂了，沙克尔顿命令三艘救生船下水。28个人带着基本的口粮和露营设备挤上了小船。气温降至零下10℃，海浪倾泻在毫无遮掩的小船上，他们连防水服装也

没有。夜以继日,时而穿过漂着流冰群的危险海域,时而穿过大洋上的惊涛骇浪,每艘船的舵手都奋力控制着航向,其余的人则拼命舀出船中的水。船太小,难以在劲风中把握,在几次改变方向后,沙克尔顿下令朝正北方挺进,背靠大风驶向一块小小的陆地——大象岛。

直到4月15日,救生船终于在大象岛陡峭的悬崖下起伏颠簸,接着就开始了登陆。可是他们很快就发现,在这个被上帝遗弃的、风雪横扫的荒岛上根本无法生存。

"凯尔德"号出发寻找救援

沙克尔顿带上最大的救生船"凯尔德"号,以及几名精干的船员，驶过南大西洋上最危险的海路，前往南乔治亚岛上的捕鲸站去求救。

从出发后的第二天起，"凯尔德"号便陷入了困境。在连续17天的航行中，有10天碰上8级至10级的大风。但是"凯尔德"号依然固执地、机械地穿过一切狂风激浪，他们坚持做饭，坚持将舱里的积水舀出去，坚持扬帆、落帆，并始终把握着方向。

5月10日夜晚，沙克尔顿率领他的小分队用尽最后的力气，终于使"凯尔德"号冲上了南乔治亚岛满是沙砾的海滩。如果走海路，最近的捕鲸站在240多千米的地方，这对于破烂不堪的船只和筋疲力尽的船员来说，实在是太遥远了。

于是沙克尔顿决定，由他率领两名队员径直穿过南乔治亚岛的内陆前往斯特姆尼斯湾的捕鲸站。他们翻过横卧在面前的陡峻山岩，滑下又长又陡的雪坡。

清晨6时30分，沙克尔顿觉得他听见了汽笛声。在7时整，他

们果然听见了汽笛声。此时此刻，他们才确信自己成功了。这些挪威捕鲸人完全被吓呆了，他们热情地接待了这几个落难者。1916年8月30日，智利政府为帮助沙克尔顿，便将一艘小型钢壳拖船拨给他使用。在经历了近20个月的流浪与磨难后，沙克尔顿竟没有丢掉一个人，真是奇迹！

延 伸 阅 读

　　1924年，沙克尔顿又踏上了去南极探险的征途。但在他踏上南乔治亚岛之后的一天，因心脏病突发而死去，时年47岁。沙克尔顿的妻子将丈夫的遗体埋在了南乔治亚岛。

造访加州死谷

气温炎热的死谷

北美洲最炽热、最干燥的地区就是位于加利福尼亚州的死谷。在夏季，这里犹如火炉般炎热，几乎常年不下雨，气温经常高达43℃，更曾有过连续六个多星期气温超过49℃的纪录。每逢倾盆大雨，炽热的地方就会冲起滚滚泥流。

这里还拥有"死火山口""干骨谷"和"葬礼山"等不详的别称。死谷的最低点在海平面以下86米处，是北美洲的最低处。

其成因是巨大的岩块沿断层下陷，周围的岩块则上升而成山脉。这条深沟位于内华达山脉的雨影区，由于沟底低陷，加上周围的屏障，使这个本来就很干旱、炎热的地区成了阳光焦点。

但以前这儿的气候比现在湿润得多，证据俯拾皆是：死谷两侧沟壑是由洪流冲刷而成的，冲积扇是从周围山峰上冲刷下来的沉积物，沉淀在谷底的盐分是原来湖水蒸发后留下的，在魔鬼高尔夫球场的盐块则饱经风雨侵蚀，因而形成了嶙峋的尖峰。

尽管环境恶劣，死谷却绝非了无生机。大角羊仅靠一点点水就能生存；响尾蛇能够"跳跃"式前进，以避免身体接触炽热的地面；一种开白花的岩生稀有植物，茎叶长满茸毛，抵挡干燥的风；含盐溪和含盐坑也能养育生命，如鳟鱼便能在咸水中生存。

偶然造访死谷

1849年，一群前往加利福尼亚州的淘金者偶然造访死谷，他们的经历使死谷因此得名。

当时，他们离开小路，希望找到捷径，不巧走进一个荒凉、缺水、几乎没有出路的山谷。当中有两个人找到了走出死谷的路线，然后返回引导同伴安全地出谷。

死谷有许多神秘的故事都讲到一队队人马不堪干渴而死。虽然如此，但因谣传有金矿、银矿，淘金者对死谷依然趋之若鹜。

此后，有些淘金者发了财，但多数都将生命断送在短暂而冒险的采矿活动中。没过几年金矿就枯竭了，曾经像雨后春笋般的民居都荒废了。斯基杜是个相当有利可图的金矿所在地，在20世纪初的巅峰期曾住了500多名居民，那里有条电话线通向紧靠死谷外的莱奥利特。

1906年，莱奥利特曾有一个游泳池及一个剧场，还有56家酒吧，淘金者可以将赚取的钱用来享用一番。1911年，莱奥利特被废弃了，逐渐破落成为阴森的废城。

虽然在死谷开采金矿只是昙花一现，但开采硼砂矿的成绩却硕果累累。19世纪80年代，这种"白色金子"有很多用途，包括

用来给陶器上釉。硼砂从谷床被刮削下来，然后由骡队从这片荒凉但富质朴美的死谷运到265千米外的铁路终点站。

在干裂的地面上有一段小径延伸到一块巨砾处突然终止。这条小径是笔直的，而其他的则蜿蜒曲折或呈"之"字形，这些位于干涸的湖底的小径被称为"跑道"。在平坦的表面上零星地散布着无数巨砾。可能是由于下雨后地面变得湿滑，强风推动巨砾向前移动，因而留下痕迹，才形成了这些跑道。

延 伸 阅 读

加利福尼亚死谷长225千米，宽8米至24千米，本身有100万年的历史。约在5000年和2000年以前，这里还有一个浅湖。当湖水蒸发完，在该湖最低处留下了一层盐，形成了我们如今所看到的盐盆，现在当水往沙漠里流时，水便蒸发掉，再没有水溢出来。

体验海底肉弹

落难于海底

1994年5月，一艘名叫"黄蜂"号的美国核动力潜水艇在波罗的海执行巡逻任务时突然发生了意外故障，失去控制的潜水艇急速下沉，艇内的23名船员被沉入海底43米处。

由于海水压力过大，他们根本不能出去，即使能出去，强大的压力会把人压成肉饼。可是如果困守在艇内，用不了多久，23

名船员都会因缺氧而死。艇长米盖罗尼在启动通气盖时被铁盖子击中头部，立即死去。

在紧要关头，失去了主帅，大家更是惊慌失措，乱成一团，感觉死神离他们越来越近了。就在这关键时刻，忽然有人用高亢的嗓音说："伙计们，大家不要乱，静下来动动脑筋，可能我们会绝处逢生的！"

众人的目光集中在这个说话人的身上，才发觉讲话者是炮手贝利，尽管他只有28岁，可是在艇上已经工作了8年，是个老练而出色的炮手，他的特点就是头脑灵敏、临危不乱。

"伙计们，我宣布，从现在开始由我担任代理艇长，大家都要听我的指挥！"

贝利的果断和冷静使大家镇静了下来，大家不约而同地纷纷点头，表示愿意听从他的指挥。大家一起开动脑筋，主意一个接着一个地被提出来，但不是不切实际，就是不具备所需条件无法实现。

脱险绝招——模仿鱼雷

贝利也渐渐焦急起来，他心神不宁地在舱内来回徘徊，上牙咬着下唇，双眉紧锁着，目光突然停留在一箱鱼雷上。蓦地，他的脑海中闪过了一个念头：鱼雷可以从炮口发射出去，能不能把人当作鱼雷从炮口发射出去呢？

贝利把自己的设想说了出来，伙伴们听后顿时吓得目瞪口呆，把人当作"海底肉弹"从炮口发射出去，这在人类海军史上是前所未有的事！

贝利镇静地说："人和鱼雷粗细差不多，所以肯定能从鱼雷发射管中发射出去，我可以把射程控制在43米左右，使人安全到达海面。"

"可是这样做安全吗？"

一位名叫杰森的船员胆颤心惊地问。

"与其坐以待毙，不如铤而走险。"贝利炯炯有神的目光扫过杰森，语气坚决地说。"关键就要看我们的毅力和勇气了！胆小的在后面，胆大的先上！"

大家待了几分钟后，不得不同意试试贝利的设想，因为舱内的氧气已经用得差不多了，除了冒险执行这个方案以外，没有别的选择了。

接着，贝利简单地把要求说了一遍："把活人当作鱼雷发射，每个人在被发射前必须排清肺部的所有空气，再屏气半分钟。否则，活人就会因肺部扩张而爆炸，就像海底的鱼不小心蹿到海面上内脏爆炸一样。"

看到有些船员满脸惊恐的样子，贝利斩钉截铁地说："只要有百分之一的希望，就要用百分之九十九的努力去争取！开始准备，氧气已经不多了！"

潜水员成功脱险

第一个站出来的是潜水员罗伯孙。他在呼完肺部的空气后马上屏住了呼吸，不一会儿，他的脸开始变红，转而由红变白。他发现自己有点儿支持不住了，但他还是咬紧牙关屏住气。

就在这一刹那间，贝利按动了鱼雷炮的开关，透过观察孔，贝利看到鱼雷炮的炮管以强大的气流排开了周围的一小片海水，紧接着，一个黑影从涂有塑料防水胶的发射管口冲出，一眨眼就消失得无影无踪了。

罗伯孙被发射出去，不过是死是活谁也不知道。接下来进行得很顺利，船员一个接一个地被鱼雷发射到海面上，连"胆小鬼"也被送了上去，最后只剩下贝利自己了。这时，除了他自己以外，潜艇内已别无他人，所以他只有靠自己来按动电钮了。

此时舱内的氧气已消耗殆尽，如果他不能在5分钟内把自己发射出去，那他就要留在海底做"烈士"了。他长长地做了个深呼吸，然后慢慢地往外排气。他竭尽全力使自己平静下来，当肺部

的空气被他一点一点地排完后，他马上开始凝神屏息地启动了开关，迅速钻入了炮膛。

"轰"的一声，贝利只觉得自己的身子在向上猛飞，他的耳朵有点儿痛，就像是飞机迅速拉升时的感觉那样，一刹那，他的耳朵听到了的水声，他睁开眼，发现自己已经在水面上，真是不可思议！贝利看到水面上有好几个脑袋在一上一下，他知道这是他的战友们，他高喊："我也上来了！"

延 伸 阅 读

　　鱼雷是一种水中兵器。它可从舰艇、飞机上发射，它发射后可自己控制航行方向和深度，遇到舰船，只要一接触就可以爆炸。用于攻击敌方的水面舰船和潜艇，也可以用于封锁港口和狭窄水道。

亚马孙原始漂流

人类首次漂流亚马孙河

亚马孙河蜿蜒于南美洲的原始森林中，沿途有100多条支流，是世界上最长最大的河流之一。由于亚马孙河流域对外交通不便，人烟稀少，因此充满了神秘色彩和传奇色彩，成为各国探险家心驰神往的地方。

曾经有许多探险家乘皮划艇、独木舟或木筏漂流过亚马孙河，但他们都选择河的中下游段，对于海拔5000米以上的安第斯山顶的河段则大都心有余悸、退避三舍。

　　1985年，一支远道而来的漂流队决意要完成人类首次漂流亚马孙河全程的壮举。

　　这次漂流是由本部设在美国怀俄明州的安第斯皮艇探险公司发起的。参加远征的队员有9人，分别来自波兰、南非、英国和美国。队长波特是波兰人，32岁，有着一双狡狼般的蓝眼睛，肌肉发达，性格坚强，对白浪翻滚的汹涌激流有超乎寻常的适应能力，曾创造过多次辉煌的漂流纪录。1981年，他参加了世界最深峡谷漂流活动，被载入《吉尼斯世界纪录大全》。

漂流队出发

　　1985年8月29日，漂流队乘坐平板卡车颠簸着爬上秘鲁南部的安第斯山脉。公路延伸到海拔4500米处便消失了，目之所及是一片光秃秃的山岭。山上氧气的含量只有地面的一半，队员们感到头部阵阵疼痛，强烈的阳光辐射又刺激着他们的眼球。

　　下车以后，他们每人身背一艘皮艇及生活必需品，蹒跚着去寻找那隐藏在山地里的亚马孙河发源地。他们开始向大陆分水岭攀登。天空晦暗，强风夹着雪呼啸不停，无论他们的腰弯得多么低，风依然毫不留情地吹来，裸露着的脸都已被风吹得麻木了。

"左脚，右脚，一步，二步，三步……"当他们数到第731步时，终于到达了最高分水岭。波特在海拔5200米的奇尔卡雪山山脊上画了一道线，用木棍在一边写上"太平洋"，另一边写上"大西洋"，并立即标志在地图上。

他喘着气说："现在我们跨越分界线!"

脚下淡蓝色的冰川在闪闪发光，这就是亚马孙河的发源地，即亚马孙河上游阿普里马克河的源头。

阿普里马克河是一条年轻而狂野的高山河流，长约960千米，奔泻于两条山脉之间狭长的高原上。由于河流深切，河床高低起伏非常大，布满了无数的急流险滩。这时，雇用的向导临阵脱逃了，但波特仍带着队员们默默地离开营地出发，一艘艘单人皮划艇沿冰川脚下的潺潺细流漂流下去，前途吉凶未卜。

进入阿库巴马巴深渊

第二天中午，他们进入阿库巴马巴深渊，河面宽仅有6米，河水汹涌地奔腾着。他们一连遇到四个瀑布的急流，发出雷鸣般的轰响，每处瀑布落差约200米，出现一片白色泡沫。

在第一个急流处，他们在百米以外就发现前方的河面突然断裂，只见巨大的峭壁耸立其上。眼前已经没有退路，他们个个提心吊胆地悄然前进，缓缓地滑向瀑布。

突然湍急的河流把他们高高托起，向空中抛去，然后泻入河水中，撞在礁石上，波特和几个队员的头都被撞破了。

"前进！前进！前进！"波特高声呼叫着，双臂奋力划桨。

经过第三个急流后，队员们都已全身湿透。他们跌跌撞撞地来到最后一个急流，皮艇从左侧峭壁弹起，冲撞到山岩上，一个360°弯折，再撞到右面的陡坡上，然后径直向水流中央的黑色漩涡漂跃而去。皮艇几经挣扎，才从漩涡中摆脱出来。

经过这一番全力拼搏，他们总算划到了岸边，可以稍稍歇一口气。于是，他们就停在峡谷里煮饭、宿营。由于漂流速度被迫放慢，波特不得不把本来就严格限制的食物再减少一半，锅里唯一不限制添加的就是水。漂流队员喝完稀粥，然后在花岗岩的山坡上铺开睡袋，挤作一团躺了下来。

漂流队员死里逃生

队员们在深渊里行进到第五天时，一位名叫乔·凯恩的美国小伙子在一个更长、更恶劣的急流中突然两眼发黑，被甩出了划艇。河水的回旋力犹如钳子一般把他死死卡住，令他一时无法动弹。

突然间，河水松开了钳制，使他见到了亮光，于是他赶快蹬腿、挥臂。河水又一次把他淹没……当他第三次陷入水中时，肺里呛进了水，可他

拼命向上蹬，在同伴的身旁露出了水面，艰难地爬上划艇，死里逃生。

经过两个月的搏斗，漂流队终于与阿普里马克河挥手告别。他们从高原渐渐下降到平原地带，开始进入乌卡亚利河的热带丛林区。这里是世界上有名的多雨地带，木头不能烧，湿衣服不会干，伤口不会愈合，空气中始终弥漫着一股腐烂的恶臭之气。这里到处有讨厌的蜘蛛、螳螂、黄蜂、蚂蚁、扁虱和蚊子，它们对这些不速之客群起而攻之，啃噬他们的肌肤，吮吸鲜血。

原先的高原地带尽管有寒冷和急流险滩，但他们每克服一个困难便前进一步。可在这沉闷、湿润的丛林里，漂流队员变得懒散，情绪恶劣。由于疲惫、恐惧、签证困难（每进入一个国家，都要获得这个国家的签证许可）等原因，九名队员只剩下四名了。

这时，乌卡亚利河正处于洪水季节，汹涌的河水泛出两岸，淹没森林，卷走村庄，不断改变水道，这时最容易迷失方向。漂流队必须在洪水泛滥之前漂完该河。

队长波特向剩下的三名队员宣布他的应急方案：每天驾舟12小时，每小时划舟55分钟，每分钟划桨50次。以这样的巨大付出，在13天后，乔·凯恩终于吃不消了，他的腕关节腱鞘发炎，又患上重感冒，并引发肠胃病。他没法儿拿起食物，疲乏得甚至无法入睡。

热浪和湿气令人沮丧，在太阳无情的照射下，他眼前直冒金星。波特竭尽全力帮助凯恩在最困难的时候继续前进，他一边煮饭，一边叮嘱凯恩吃下治疟疾的药。

艰难的旅程

有一回凯恩晕过去了，苏醒时发现波特正拖着他的皮艇前进。当队员们在又热又湿的丛林里变得发狂而互相责备时，波特坚持自己的原则：可以凶狠地争吵，但一切行动必须遵守规矩。每天他第一个起身，第一个整理好行装，第一个从岸上跃上划艇。可深夜里，他的烛光始终亮着，当队员们已经熟睡时，他还在研究地图和路线。其他队员身上穿的都是破布烂片，而波特的长衬衣和划船短裤永远干净利落。

12月24日是圣诞，他们穿过哥伦比亚南部到达巴西边境的一个小镇。5个月来，他们第一次洗上热水澡，饱食一顿可口晚餐。

进入亚马孙河干流后，河床变得越来越宽，有的地方宽达数千米，他们那细长而两头尖的皮艇在浩荡的波涛上就像几片树叶在漂泊。有一次暴风雨袭来，铜钱般大小的雨点打在队员们的脸上，就像被成群的马蜂蜇了一样。

波浪一个接一个涌来，他们的小艇随波逐浪颠簸着。每当浪

头一过，他们立即直起身子猛力划桨，一下又一下，拼命朝岸边划去。一个小时后，他们终于安全脱离了险境，风浪也很快平息了下来。

漂流成功

一天又一天，离亚马孙河口越来越近，已经能见到海鸟飞来飞去。在亚马孙河口，大量的河水从马腊若岛北面流入大海，他们利用落潮的潮水向南面的马腊若湾划行。此时，大陆两岸陆地逐渐向后消失，河口处的河面竟达25千米宽。空中弥漫着浓雾，海湾的波浪变得柔顺、缓慢，轻轻摇晃着他们的小艇。

一桨又一桨，混浊的河水也变得青绿透明起来。波特弯腰用

手舀水品尝，"咸水！"他喊道。他们终于进入了大海，队员们个个高举划桨欢呼起来……

这一天是1986年2月19日，也是他们从安第斯雪山漂流而下的第174天。

延 伸 阅 读

　　亚马孙河横贯南美洲，发源于秘鲁境内的安第斯山脉，长6440千米，在世界河流中位居第二，仅次于尼罗河。亚马孙河水量充沛，每秒钟把11.6万立方米的淡水注入大西洋，占全球入海河水总流量的1/5。在支流中，7条长度超过1600千米，最长的是马代拉河，约3200千米。

飘越大西洋的气球

有色人种挑战白种人

1978年，两个美国人驾驶一个热气球用了六天时间飘越大西洋，这个消息成了当时最轰动的新闻之一。为此，美国的几家报纸大肆宣扬白种人是如何的优越。

这深深地刺激了刚从斯坦福大学毕业的塔特尔，他来自马里共和国，这个国家的人是有色人种，他不相信白人能做的事自己就做不来，于是他找到自己的两个大学同学，决定也去做一次飘越大西洋的气球探险。

经过一番准备，塔特尔和同学合伙买了一只精美、牢固的大

气球，并将它取名为"雅典娜"号，里面装上了250千克的铅块、30袋沙包和大量的食物。1989年8月3日，他们乘上气球，从马萨诸塞州起飞。于是一场有色人种挑战白种人的探险飞行开始了。

三天后，"雅典娜"号来到距加拿大的纽芬兰圣约翰斯市约960千米的地方，由于吊舱是敞开无顶的，所以三人感到寒风刺骨。当天晚上，塔特尔收到从气象台发来的信息，说在他们的前方正有一个风暴气旋，如果气球仍停留在4000米的空中，就有被气旋刮走的危险。

怎么办？难道要返回美国？塔特尔沉思片刻，一咬牙，嘴里迸出一句："别想那么多，把气球升高，穿过风暴气旋！"

"雅典娜"号很快上升到6000米的高度，终于避过了可怕的气旋。但是，气温却从零下4℃一下降到了零下26℃，塔特尔他们冻得直哆嗦，只好一边吃东西，一边不停地跳迪斯科，因为只有这样，才不至于被冻僵。

"雅典娜"号遇到寒流

又是两天过去了，塔特尔已打破了一项由白种人创造的连续飘行107小时的纪录，而此时，他已来到离爱尔兰海岸不远的地方。就在"雅典娜"号刚钻进一片密云的时候，一股寒流突然从海面上蹿向它，气囊里的氦气顿时发生了冷缩现象，几秒钟后，气球开始急剧下降，竟从6000多米降至1200米，在这个高度停留一会儿后，又往下降去。

塔特尔见势不妙，急忙大喊一声："快！快把铅块抛出去!"他的两个同伴如梦初醒，赶紧抓起铅块向下抛去。虽然气球下降的速度减慢了许多，但却无法让它停止，眼看就要落入海里。就在这千钧一发的时候，只听塔特尔又一声大喊："还有沙包!"

三人手忙脚乱地忙了好一阵，将铅块和沙包扔了个精光，这时，气球总算稳住，在800米的高度向东飘去。两个小时后，"雅典娜"号的气囊在阳光的照耀下获得了足够的热力，终于上升至较为安全的高度。塔特尔这才把一颗悬着的心放了下来。

让有色人种扬眉吐气

第二天下午，"雅典娜"号进入了法国。一路上，塔特尔看到到处都是手持望远镜观望气球的人们，这场面让他着实激动了一阵。当"雅典娜"号经过杜维赛马场时，塔特尔知道终点快到了，于是他便和

同伴把气球里的杂物一一抛掉，让气球缓缓地落在一片麦田里。

三人携手走出吊舱，惊奇地发现涌来的人群大多数都是黑人、印第安人和一些有色人种，他们随即明白了，是自己的这次成功探险让这些有色人种感到扬眉吐气，他们是来分享快乐的。塔特尔被人紧紧拥抱的时候，他再也忍不住了，任凭激动的泪水一个劲儿地流。

延 伸 阅 读

现今社会，热气球作为一种体育项目正日趋普及，它曾创造了上升到34668米高度的纪录。1978年8月11日至17日，"双鹰Ⅲ"号成功地飞越了大西洋，1981年"双鹰Ⅴ"号又成功地跨越太平洋。

"努力"号的澳洲行

神秘的南方大陆

1769年10月的某一天，在南太平洋一望无际的海面上，一艘白色大帆船显得有点儿孤单。

这艘船有个好听的名字，叫作"努力"号。此时，甲板上一片忙碌的景象。水手们在统一指挥下紧张地收帆、张帆。虽然工作紧张、劳累，但他们却仍像是一群快乐的大男孩，眉毛向上

扬起，满脸的汗珠在阳光底下就像是晶莹的水晶闪闪发亮，甲板上到处洋溢着欢快的歌声。

此时此刻，在舰桥的指挥舱里，一个身材高大、体格健壮的男子笔直地站着，他留着长发，头戴一顶墨绿色的三角军帽，一身笔挺的海军服，显得沉稳、威严，又不失机智、老练。水手们的欢快气氛似乎并没有感染到他，他眉头紧锁，嘴里不住地喃喃自语。他就是船长——詹姆斯·库克。

从他的眼神里可以看出他是多么自信和冷静，但微微露出一丝焦虑。一年多以前他接受英国海军军部的派遣，率领一支考察队前往南太平洋海域观测金星凌日这一罕见的天象，顺便对南太平洋地区做一次探险考察。

因为当时的科学家们相信，在南太平洋的某个地方一定存在着一块神秘的南方大陆。他们迫切希望通过库克船长的此次远航，揭开这片南方大陆的神秘面纱。在众人企盼的目光中，库克船长率领这支考察队踏上了征程。在他的心里，又何尝不想发现这块梦寐以求的大陆，为自己近20年的航海生涯增光添彩呢？

就在前方

自从进入南太平洋海域以来，探险队途经风光秀丽、物产丰富的塔希提小岛。在这以后，他们在海上整整航行了两个月，一点儿陆地的影子也没有发现。难道南方大陆不存在吗？还是因为航线发生了偏差？水手们也很着急，每天一大早起床后的第一件事就是跑到甲板上眺望远方，可结果却还是只看见周围汪洋一片。失望、疑惑、不满开始在船员中蔓延。

库克船长虽然也有点焦虑不安，却依然坚信陆地肯定就在不远的前方。他默默地在心中祈祷，嘴里不住地念叨着一句话：

"是的，就在前方。"

突然，桅杆顶端的瞭望台传来惊呼："老天啊，快看，陆地，前边是陆地。"

水手们立刻骚动起来，争先恐后地挤到甲板上，使劲向远处寻找那片期待已久的陆地。听到喊声以后，库克船长深吸了一口气，定了定神，老练地用自己心爱的单筒望远镜朝远方看去。果然，镜头里出现了一条绵延不绝的海岸线，那里浓雾缭绕，有着大片的森林。帆船好像也知道了这个好消息，箭一般地向那片海岸驶去。水手们个个兴奋得涨红了脸。差不多所有的人都认定找到了那块神秘的大陆，一年来的努力没有白费。他们愉快地憧憬着岸上的情景：丰富的物产，好客的居民……

人骨海滩

库克船长一直紧锁的眉头稍微放松了一点儿，他拿着望远镜的手忍不住微微颤抖。经过仔细观察，他最后得出结论：这里恐

怕只是一个巨大的海岛，真正的南方大陆还没有出现。

果然不出所料，水手们上岸之后发现库克船长的判断并没有错。这个岛屿就是现在新西兰的北岛。当地的土著居民毛利人似乎并不欢迎他们，双方发生了小小的冲突，水手们在岛上也没有找到他们想要的东西。

于是，库克船长决定离开这个岛，沿着海岸向南航行，然后调转船头向北驶去。11月9日，考察队停船下锚，随队而来的科学家开始观测金星凌日现象。11月底，"努力"号绕过了新西兰的最北端，开始沿西海岸航行。

和苍翠的东海岸不同，西海岸显得干燥、贫瘠，异常荒凉。第二年1月14日，"努力"号驶入一个小海

湾，在那里修船。同时，库克船长派出几支小分队上岸考察。队员惊讶地发现，海滩上布满了人的尸骨。

当地的毛利人似乎很友好，他们告诉水手，这些都是他们把敌人吃掉后残留的部分。大多数船员吓得目瞪口呆，有一位科学家却似乎对此很感兴趣。他甚至还买一颗头颅准备带回英国呢！

这时库克相信，新西兰只是一个孤立的岛屿，并没有和大陆相连。当地的居民还告诉他，新西兰是由南北两个岛屿组成的，中间有一条狭长的海峡。库克率船穿越了整个海峡，并在南北两岛都进行了环岛航行。

不久以后，库克开始计划返回英国。为了继续南太平洋的考察活动，他选择了继续向西航行而不是向东原路返回的航线。3月31日，库克船长的"努力"号船头直指日落的方向，在一片金色的余晖中朝澳大利亚东海岸驶去。

驶进植物学湾

在库克船长之前，已有一些欧洲的探险家短暂地探访过澳大利亚的西海岸，而人们对当时被叫作"新荷兰"的东海岸还基本处于未知状态。

4月29日，"努力"号在东海岸的一个海湾下锚停泊。一支小分队被派到岸上寻找淡水。队员们惊奇地发现了一些手持长矛、赤身裸体、身上涂满油彩条纹的土著人。

另一些人坐着原始的独木舟，在海上捕鱼。随后队员们勘查了海湾周围的大片地区，见到的地形可谓是五花八门，其中有像草原般广阔的大块沙地，有大片沼泽和森林，还有肥沃的草原。在这里，队员们发现了无数叫不出名字的新植物。面对这些发现，大伙儿兴奋得要命，争着要给这个海湾起名字。最初，库克把它叫作"虹鱼湾"，因为那里有大群的海鱼。如今，它被叫作

"植物学湾"。

一周之后，"努力"号驶离了植物学湾，沿着海岸继续向北航行。船员们隐隐约约地看到陆地上升起一缕缕的狼烟，这是土著人看到近海出现了奇怪船只时所发出的警报。

"棉絮补漏法"和大袋鼠

在6月初一个月色迷人的晚上，"努力"号驶向大堡礁。大堡礁位于澳大利亚东海岸北部，绵延2012千米，由大量参差不齐的珊瑚礁构成。对航海家们来说，大堡礁和海岸之间那条狭窄的海上通道意味着一场噩梦：锋利的暗礁、汹涌的潮水和伸出水面的珊瑚足可以毁掉任何一艘船。这次航行中最为惊心动魄的一幕开始了。

"努力"号刚刚进入海峡不久，环礁的威胁就向它步步逼近。一开始，一切都显得那么平静。但没过多久，"努力"号就

撞上一座隐蔽的环礁，被卡得死死的，船体一侧被撞出一个巨大的口子，海水迅速涌进船舱。

为了把船从环礁上挪开，水手们把无关紧要的物品全部抛入海中。几个水手奋力跳入进水的舱中，用抽水机不停地排水。在这令人绝望的时刻，库克船长和水手们都表现出了无畏的英雄气概。尽管他们都知道，"努力"号上仅有的几只救生艇装不下所有人，但他们一点儿也不觉得害怕。

水手们就这样一直坚持着。等到潮水涨上来以后，船终于借助浮力脱离了那块环礁。但这时船舱里的水还没抽完，更多的海水从洞口涌了进来，"努力"号正在缓缓下沉。想起在环礁周围航行时看到的大群鲨鱼，大多数人都不禁打了个寒战。

就在这千钧一发之际，一名水手急中生智想出了用棉絮来填补漏洞的方法。这是一种几乎被遗忘的原始方法，但万幸的是，它非常管用。每个人都松了一口气。库克怀着感激的心情在航海日记中写道："现在漏洞变小了。"

"努力"号摇摇晃晃地驶入附近的一个海湾，在那里下锚停泊，船员们花了七周的时间才把船修好。与此同时，每个人都尽情享受着周围的新奇事物。一天，有个水手上岸打猎，突然看见一只从未见过的"大兔子"，它用双腿同时向前跳跃，速度之快、步幅之大，令人难以置信。

他信誓旦旦地对船员们说，这只兔子的个头有人那么大，结果却被嘲笑一番。但没过多久，其他人回来说也看到了这种奇怪的动物。当地人告诉他们，这其实是一种叫作袋鼠的动物。

来之不易的海岸图

8月初，"努力"号再度扬帆启程。水手们纷纷猜想，经历了大堡礁的那场灾难之后，库克有可能绕过大堡礁，在外围沿海岸继续沿着海岸航行。但库克一心希望能够绘制出一张详细的海岸图，因此他必须尽量靠近环礁。

这以后的几个星期让人紧张得透不过气来，所有人都面临着一场严峻的考验。然而，船员们都从心底深深地佩服和信赖船长的高超技艺和坚定的信念。"努力"号有几次差点儿又遇到了危险，但都幸运地化险为夷。

8月底，"努力"号绕过了约克角，将澳大利亚东海岸和大堡礁远远地抛在了身后。库克船长花费了大量时间，终于绘制成一

张海岸图。

　　1771年7月12日，"努力"号返回英国，这离他们出发时已过去整整三年了。库克船长和船员们受到了英雄般的迎接，"库克船长"这个名字也因澳大利亚和新西兰的发现而被永远载入史册。

延　伸　阅　读

　　袋鼠原产于澳大利亚大陆和巴布亚新几内亚的部分地区。它们是澳大利亚著名的哺乳动物，在澳洲占有很重要的生态地位。袋鼠前肢短小，后肢特别发达，常常将前肢举起，后肢坐地，以跳代跑，最高可跳至4米，最远可跳至13米，可以说是跳得最高最远的哺乳动物。

圣劳伦斯河探险之旅

圣劳伦斯河与"快乐的海盗"

千百万年以来，圣劳伦斯河默默地流淌着。它究竟是何时被世人知晓的呢？发现者经历了怎样的奇遇才揭开了它的庐山真面目的呢？圣劳伦斯河的发现是与法国航海家雅克·卡蒂尔的名字紧紧联系在一起的。

雅克·卡蒂尔原本是法国布列塔尼地区圣马洛港的一名水手，在欧洲的航海界小有名气。他高高的个子，紫铜色的皮肤，身材魁梧，看上去与海员的身份十分相符，长长的头发总是乱乱

地飘在脑后。卡蒂尔是个天生的乐天派，无论是工作还是闲暇的时候，总显得快乐异常，有说不完的俏皮话，常逗得周围人哈哈大笑。因此，大家都叫他"快乐的海盗"。卡蒂尔航海经验高超，见过很多大世面。

16世纪初，法国人对北美大陆的探险十分感兴趣，法国政府曾经组织了好几次对北美大陆腹地的探险考察。1534年2月20日，卡蒂尔也率领一支由两艘船和61人组成的探险队从圣马洛港出发，踏上了北美探险之路。

圣劳伦斯湾的神秘水道

卡蒂尔探险队仅仅用了20天便渡过大西洋和北冰洋，到达了北美纽芬兰岛的东部海岸，但由于冰层阻拦而无法上岸。无奈之下，卡蒂尔只得率领船队沿着冰层的边缘向西北航行。

船队在冰层和巨大的浮冰之间走走停停，艰难地开辟着向前的道路。到达纽芬兰最北端的海角之后，船队又开始缓慢地向西南移动。在这期间，卡蒂尔船队穿越了一段名为"贝尔岛海峡"

的狭长水道。贝尔岛位于海峡北部入口处附近，原意是"美丽之岛"。可与这个美丽的名称恰恰相反，这个荒无人烟的小岛显得格外荒凉孤寂。

穿过海峡以后，卡蒂尔情绪低落地在航海日记里描述道："这里……不能称其为陆地，因为到处是光秃秃的岩石和峭壁。"在详细考察了贝尔岛海峡两岸后，8月10日，卡蒂尔率领船队驶入一个"巨大的海湾"。这个海湾长宽各为400千米，呈一个巨大的正方形，四周被绵延的陆地包围着。由于这一天刚好是天主教圣徒——圣劳伦斯的忌日，因此卡蒂尔便把这个海湾命名为"圣劳伦斯湾"。

酷热的海湾

随后，卡蒂尔穿过圣劳伦斯湾向西南航行，在途中发现了许多岛屿，但由于没有找到合适的港口而无法登陆。不久，探险队又发现了一个吃水很深、像一把尖刀似的楔入陆地的海湾。这个

海湾名叫"乔列尔湾"，意思是"酷热的海湾"。从船上远远向陆地方向望去，可以看见陆地上郁郁葱葱的森林，林中的空地上到处都可以看到野生的禾苗。在那里，探险队还意外地遇见驾着九只独木舟驶来的印第安土著人。由于双方语言不通，大家只好借着手势不断地比画着，进行简单的贸易。那些印第安人身上穿着用各种动物皮毛缝制的衣服，船员们眼馋极了。第一次看见欧洲新奇玩意儿的印第安人大大方方地"脱掉他们全身的衣服，交给船员们，交换了各种小商品，然后赤裸裸地离去"。面对这么多价值不菲的上好皮毛，法国人个个瞪大了双眼，简直不敢相信眼前的事实。

驶出乔列尔湾，船队径直北上，发现了另一个不大的"加斯佩海湾"。探险队在海岸登陆，举行了简单的占有仪式。他们竖起一块高大的木十字架，上面写着"法国国王万寿无疆"几个字。离开加斯佩海湾以后，船队沿着北岸继续向西驶去，一直行驶到起初相当宽阔、后来越来越狭窄的海峡之中。

此时，一股强劲的水流从西面奔腾而来，像要把两艘船推出海湾似的。要不要继续向西前进呢？那里究竟是什么样子？会不会有可怕的深渊和旋涡？探险队员们被眼前的景象吓坏了，各种恐怖的流言在队员中流传。谁也不愿意继续向前去送死，包括两位船长在内。卡蒂尔一时也拿不定主意。在大家的再三恳求之下，卡蒂尔最终放弃了继续向西探索的想法，探险队踏上了回国的路途。经过第一次探险，卡蒂尔宣布发现了一条新的海峡，并将其命名为"圣彼得罗海峡"。虽然这次没有继续向西行进，错过了发现圣劳伦斯河的大好时机，但卡蒂尔的这次航行考察了圣劳伦斯湾几乎全部的南部海域、西部沿岸地区以及海湾北岸的大片陆地。

揭开圣劳伦斯河的面纱

那条激流奔涌的海峡的西方是哪里呢？这个问题一直萦绕在卡蒂尔的心头，令他久久无法释怀。一名真正的探险家应当不惧艰险，战胜困难，找出世界的真相，岂能在一点儿小小的危险面前就却步呢？执着的卡蒂尔发誓一定要再次前往那个神秘的海峡，把真相探明。1535年5月，受法国国王的委派，北美探险队又一次踏上了征程。

这支探险队依然由经验丰富的卡蒂尔率领，卡蒂尔也正想利用这次机会探索那条神秘海峡的秘密。这一次，探险队直接穿过贝尔岛海峡、圣劳伦斯湾，直奔圣彼得罗海峡而去。船队由东向西穿过海峡入口，向里步步深入。原本以为会进入欧洲人梦寐以求的太平洋，没想到却驶入了一条水流湍急的大河。河岸两边森林密布，湍急的水流裹挟着上游的杂物，由西南向东北方向轰鸣而去，激起阵阵巨大的浪花。

这里并没有可怕的深渊和旋涡，有的倒是无数条硕大的叫不上名来的河鱼。由于这条大河最后注入了圣劳伦斯湾，卡蒂尔就把它叫作"圣劳伦斯河"。在大河的尽头又出现了另一条河道宽阔的支流，河水呈现灰暗色甚至黑色，注入了圣劳伦斯河清澈的河水中。这就是被当地印第安人称为"死河"的河流。

在这条河的下游航行，有时会靠近两岸高耸的岩石河岸，卡

蒂尔认为这些山崖的断壁中有许多含有黄金和宝石的岩石。因为印第安人曾经不断地提到一个神话般富饶的"萨格纳河地区"，卡蒂尔便以"萨格纳河"的名称为圣劳伦斯河的这条支流命名。

为了能找到传说中的黄金宝地，卡蒂尔想继续前进探索，而当地的印第安人却告诫他们不要再前进了，因为向上游航行是极其危险的，但卡蒂尔置之不理。然而，行不多时，船队就在一个河道陡然变窄的地方停了下来。

卡蒂尔仍不死心，他把大船留在此地修整待命，自己亲自带领30多个探险队员乘坐一艘小船继续向西南逆流航行，到达渥太华河与圣劳伦斯河的汇合处才止住前进的步伐，因为再往下便是危险的大瀑布。

发现皇家之山

卡蒂尔的坚持并未让他自己失望。这两大河的交汇处出现了另一番奇异的景色。渥太华河的河水是黄色的，而圣劳伦斯河的

河水却清澈见底，呈现出真正的泾渭分明之景。河岸上耸立着一座林木茂密的山峰，卡蒂尔把它叫作"蒙罗亚尔"，意为"皇家之山"。渐渐地人们口口相传，这个名字变成了"蒙特利尔"。

后来，这个名字被用来称呼法国人在圣劳伦斯河流域建立的第一座城市。圣劳伦斯河沿岸地区几乎全都是荒芜的沙漠，但是从萨格纳河向上，河岸两边常有印第安人的村庄。在这个地区，印第安人人口稠密，他们把自己的村庄叫"加拿大"。第二年的5月中旬，圣劳伦斯河和圣劳伦斯湾开始解冻，卡蒂尔才正式返航法国。此后，在整整两个世纪的时间里，加拿大一直处于法国的控制之中。

延 伸 阅 读

圣劳伦斯河是北美洲东部的大河，它的上源是圣路易斯河，在美国的明尼苏达州，下游在加拿大的东陲，以卡伯特海峡为河口，注入大西洋的圣劳伦斯湾，全长1287千米，流域面积为30万平方千米。

大洋深处的探险竞赛

日本"海沟"无人深潜艇探测

近年来，探索深海奥秘、开发深海资源已成为众多海洋学家的重任，尤其是美国和日本，为了探索大洋深处的世界，新点子、新手段层出不穷。平静的海水下，一场激烈的竞争正在进行着。1995年3月24日早晨，一个小小的橙黄色的金属舱从一艘日

本考察船上悄无声息地滑下，潜入了太平洋马里亚纳海域。中午11时22分，它已经下潜10911.4米，到达了海床。在经过数小时的海底游历后，又被停留在海面上的考察船收回。

这个金属舱是日本海洋科学与技术中心设计制造的，名为"海沟"无人深潜艇。当天它到达了地球的最深点——马里亚纳大海沟。它下潜的深度仅比35年前瑞士人雅克·皮卡德和美国人唐·沃尔什用他们的"特里斯特"号深潜艇创造的世界纪录少了0.6米。"海沟"没能破纪录，但日本科学家并不为此遗憾。这艘无人深潜艇装备着机械手、探照灯和摄像机，由母船上的计算机通过12千米长、20吨重的光导纤维遥控，它的主要任

务是水下11千米取样、摄像，进行长时间的科学考察，而1960年"特里斯特"号在达到10912米的纪录深度后就迅速返回了海面。

"海沟"是日本深海开发计划成功的象征。作为一个由7000多个岛屿组成的国家，日本的陆地资源极其贫乏，大洋底下蕴藏的财富当然令这个国家的经济界和科学界人士广泛关注。这就不难解释为什么日本海洋科学与技术中心每年会获得大藏省1.86亿美元的巨额拨款，仅"海沟计划"就耗费了5000万美元，其海洋研究经费居世界之冠。日本的深海开发计划有一个明显的特征，那就是把调查海底资源、发现海底生物和研究地震板块作为重点，而其中心目标则是为长远的经济发展服务。在这一点上，它远远走在其他国家的前面。

美国的深海探险

在深海探险和科学考察方面，超级大国美国历来是不甘示弱的，"载人鱼雷"是美国继日本"深海6500"号遨游马里亚纳海沟，保持6500米载人潜水纪录以来实现其深海探险梦的一个"秘密武器"。

在美国加利福尼亚的小镇里士满有家规模不大、经营很不景气的公司，名叫"海洋探险集团"。公司的老板、著名海洋学家格拉汉姆·霍克斯有个雄心勃勃的计划：在20世纪结束前的某一天驾驶着自己设计制造的深潜艇"深海飞行2号"遨游马里亚纳海沟水下11千米的海底世界，打破日本"深海6500"号保持的6500米载人潜水纪录。"深海飞行2号"与迄今为止所有的深潜艇不

同，它非常小，仅有两米多长，备有电源和发动机，能在水下以25千米/时的速度行驶。

在这样狭小的空间里，还留有一名驾驶员的位置。这样，它不需要来自海面的任何支援，就能独自考察大洋下面的世界。看上去，整艘深潜艇犹如一支玻璃头的大雪茄。

霍克斯的计划被许多同行视为异想天开，但他却坚持己见，但是由于每次行动都要大型考察船运送和照看，既耗资不菲，又不方便，如今，包括美国在内的大多数国家对此望而却步。

"深海6500"和"深海飞行2号"是载人的深潜艇，从理论上来说，它们不需要考察船伴随。"深海6500"是大型的深潜艇，也有足够的装备，"深海飞行2号"则是微型的，相对便宜。后者招来许多海洋学家的争议。著名美国海洋学家罗伯特·巴拉德就指出，在10000米的水深下驾驶这种微型潜艇，一旦出现缺氧或其他问题，就完全是拿科学家的生命冒险，而且它根本没有什么仪

器来进行科学考察。而它的支持者则认为，任何机器都无法与人的直接考察相媲美，"深海飞行2号"结构轻巧，易于运送，还可以跟踪鱼群，具有一定的经济价值。

延 伸 阅 读

　　1953年，第一艘无人遥控潜水器问世，1980年法国的"逆戟鲸"号无人深潜器下潜6000米。日本"海沟"号无人潜水探测器，成功地潜到10911米深的马里亚纳海沟底部，这是无人探测器的潜水世界最高纪录。

南极探险之旅

是谁发现了南极

　　数百年来，各国数以千计的探险家和科学家奔向南极洲，有的将毕生的精力甚至生命贡献于南极大陆的发现。但谁是第一个发现南极大陆的人？迄今仍有很大争议。

　　一方面是客观原因，年代久远，证据不充分；另一方面则是主观原因，涉及有些国家对南极的领土要求和民族尊严等。英国

探险家库克经过两次环球航行后断言，不可能存在一个富饶的南方"未知大陆"，但后来却有些人拼命证明他是第一个发现南极大陆的人。

俄国的别林斯高晋和拉扎列夫看见了靠近南极大陆的亚历山大一世岛，但有些人却说他们不知道看见的是什么。但是，这些早期南极探险的先驱那种不畏艰险的精神和毅力是值得称颂和学习的。他们的业绩不但名垂史册，而且还鼓舞和激励着一代又一代探险家和科学家投身于南极科学考察事业。

最早去南极探险的国家

最早寻找南方"未知大陆"的有英国、俄国、美国和法国。英国的詹姆斯·库克在1768年率船开始寻找南方大陆，首次环绕南极航行，驶进南极圈，抵达南纬71° 10′的海域，他是南极探险的先驱。

英国的威廉·史密斯在1819年~1821年5次率船到南极海域航行，发现了南设得兰群岛。俄国的别林斯高晋在1819年率船到南极，驶入南极圈，环绕南极航行，几经航行，在1821年发现距南极大陆不远的彼得一世岛。

美国的纳撒尼尔·帕尔默在1820年率船驶向南设得兰群岛海域，继续航行，发现了南极半岛。英国的詹姆斯·威德尔在1822年率船向南极挺进，创造了南行的新纪录，到达南纬75°15′的海域。

法国的迪蒙·迪尔维尔在1839年向南极进发，在南极圈附近发现了一条海岸线，并登上岸边。

英国的詹姆斯·罗斯在1840年开始率船驶抵南纬78°11′的海域，又创造了向南航行的最高纪录，发现了大陆冰障和两座火

山以及多个群岛，并寻找到南磁极，进行了精确的测量。

第一个到达南极点

1911年12月14日，挪威著名极地探险家罗阿德·阿蒙森历尽艰辛，闯过难关，终于成为第一个登上南极点的人。

阿蒙森从小喜欢滑雪旅行和探险，他是世界西北航道的征服者，曾经三次率探险队深入到北极地区。

1897年，他在比利时探险队的航船上担任大副，第一次参加了南极探险活动。

1909年，当他正在"先锋"号船上制订征服北极点的计划时，获悉美国探险家罗伯特·皮尔里已捷足先登，他便毅然决定放弃北极之行的计划，改变方向朝南极点进发。

1910年8月9日，阿蒙森和他的同伴们乘探险船"费拉姆"号从挪威起航。他在途中获悉，英国海军军官斯科特组织的南极探险队也是以南极点为目标，早在两个月前就出发了。这对阿蒙森来说是一个不是挑战的挑战，他决心夺取首登南极点的桂冠。

经过四个多月的艰难航行，"费拉姆"号穿过南极圈，进入浮冰区，于1911年1月4日到达攀登南极点的出发基地——鲸湾。阿蒙森在此进行了10个月的充分准备，于10月19日率领五名探险队员从基地出发，开始了远征南极点的艰苦行程。

前半部分六七百千米的路程，他们乘狗拉的雪橇和踏滑雪板前进。后半部分路程主要是爬坡越岭，尽管遇到许多高山、深谷和冰裂缝等险阻，但由于事先准备充分，加上天公作美，他们仍以每天30千米的速度前进。

结果仅用不到两个月的时间，他们就于12月14日胜利抵达南极点。阿蒙森激动的心情简直难以言表。他们欢呼、拥抱，庆贺胜利，并把一面挪威国旗插在南极点上。他们在南极点设立了一

个名为"极点之家"的营地，进行了连续24小时的太阳观测，测算出南极点的精确位置，并在南极点上叠起一堆石头，插上雪橇作为标记，还在南极点的边上搭起一顶帐篷。阿蒙森深信斯科特很快就能到达南极点，而自己的归途又是相当艰难的，任何意外都有可能发生。

于是，他便在帐篷里留下了分别写给斯科特和挪威哈康国王的两封信。阿蒙森这样做的用意在于万一自己在回归途中遇到不幸，斯科特就可以向挪威国王报告他们胜利到达南极点的喜讯。

阿蒙森在南极点上停留了三天。12月18日，他们带着两架雪橇和18只狗踏上了返回鲸湾基地的旅途。1912年1月30日，他们再乘"费拉姆"号离开南极洲，于3月初抵达澳大利亚的霍巴特港。

阿蒙森伟大的南极点之行轰动了整个世界，人们为他所取得的成就欢呼喝彩。

最伟大的南极探险

罗伯特·弗肯·斯科特是英国皇家海军军官，原先他既不是探险家，也不是航海家，而是一个研究鱼雷的军事专家。

1901年8月，他受命率领探险队乘"发现"号船出发远航，深入到南极圈内的罗斯海，并在麦克默多海峡中罗斯岛的一个山谷里越冬，从而适应了南极的恶劣环境，为他后来正式向南极点进军打下了基础。

斯科特攀登南极点的行动虽比挪威探险家阿蒙森早约两个月，但他却是在阿蒙森摘取攀登南极点桂冠的第34天才到达南极点，他的经历及后果与阿蒙森相比有着天壤之别。虽然他到达南极点的时间比阿蒙森晚，但却是世界公认的最伟大的南极探险家。

1910年6月，斯科特率领的英国探险队乘"新大陆"号离开欧洲。1911年6月6日，斯科特在麦克默多海峡安营扎寨，等待南极夏季的到来。

10月下旬，当阿蒙森已经从罗斯冰障的鲸湾向南极点冲刺时，斯科特一行却迟迟不能向目的地进军。因为天气太坏，虽值夏季但风暴不止，又有几个队员病倒了，所以直至10月底，斯科特才决定向南极点进发。

　　1911年11月1日，斯科特的探险队从营地出发。他们每天冒着呼啸的风雪，越过冰障，翻过冰川，登上冰原，历尽千辛万苦。当他们来到距极点250千米的地方时，斯科特决定留下37岁的海员埃文斯、32岁的奥茨陆军上校、28岁的鲍尔斯海军上尉以及他本人，继续向南极点挺进。

　　1912年年初，应该是南极夏季气温最高的时候了，可是意外的坏天气却不断困扰着斯科特一行，他们遇到了"平生见到的最大的暴风雪"，令人寸步难行，他们只得加长每天行军的时间，全力以赴向终点突击。

　　1912年1月16日，斯科特他们忍着暴风雪、饥饿和冻伤的折磨，以惊人的毅力终于登临南极点。

　　但正当他们欢庆胜利的时候，突然发现了阿蒙森留下的帐篷和给挪威国王哈康及斯科特本人的信。阿蒙森先于他们到达南极点，对斯科特来说简直是晴天霹雳，一下子把他们从欢乐的极点推到了惨痛的极点。

此刻，斯科特清楚地意识到，队伍必须立刻回返。他们在南极点待了两天，便于1月18日踏上回程。

半路上，两位队员在严寒、疲劳、饥饿和疾病的折磨下先后死去。剩下的队员为死者举行完葬礼又匆匆上路了。在距离下一个补给营地只有17千米时，遇到连续不停的暴风雪，饥饿和寒冷最后战胜了这些勇敢的南极探险家。

3月29日，斯科特写下最后一篇日记，他说："我现在已没有什么更好的办法。我们将坚持到底，但我们越来越虚弱，结局已不远了。说来很可惜，但恐怕我已不能再记日记了。"

斯科特用僵硬得不听使唤的手签了名，并做了最后一句补充："看在上帝的面上，务请照顾我们的家人。"

葬身南极洲

过了不到一年，后方搜索队在斯科特蒙难处找到了保存在睡袋中的三具完好的尸体，并就地掩埋，墓上矗立着用滑雪杖做的十字架。

斯科特领导的英国探险队的勇敢顽强精神和悲壮业绩在南极

探险史上留下了光辉的一页。他们历经艰辛，艰苦跋涉，却没有将所采集的17千克重的植物化石和矿物标本丢弃，为后来的南极地质学做出了重大贡献。

他们探险时留下的日记、照片也都是南极科学研究的宝贵史料，至今仍完好地保存着。

为了让人们永远纪念他们，美国把1957年建在南极点的科学考察站命名为"阿蒙森——斯科特站"。

延 伸 阅 读

我国在南极建立的第一个科学考察站是长城站。位于南极洲南设得兰群岛的乔治王岛西部的菲尔德斯半岛上，东临麦克斯维尔湾中的小海湾——长城湾，湾阔水深，进出方便，背依终年积雪的山坡，水源充足。

探秘圣贝尔山

失踪的士兵

第一次世界大战结束后，在英国官方的记录簿上有一段这样的记录：在土耳其境内追击土耳其军队的诺福连队的341名官兵全部失踪，生死未卜，下落不明。

事情的经过是这样的：1915年8月21日，英国陆军诺福连队的341名官兵奉命在土耳其圣贝尔山丘追击土耳其军队，为了及时了解战况，英军司令部随后又派出20余名官兵，登上圣贝尔山丘附近的高山并进行观察。

由于当时乌云密布，天色太暗，这些负责观察战况的官兵什

么也看不清。过了半个多小时，圣贝尔山丘上空的乌云突然消散了，阳光把周围几十千米范围内的一切照耀得一清二楚，地面、山沟、树木和石块清晰可见。可是，令人奇怪的是341名官兵却踪影全无。

一支拥有几百名官兵的连队竟然在众目睽睽之下悄然消失，使英军司令部的指挥官们大惑不解。

难道在一个小时之内这些官兵可以走出人们肉眼看不到的几十千米之外？这显然是不可能的事。是中了埋伏，还是被土耳其军俘虏？如果是这样，无论如何也应留下战斗的痕迹，但现场什么也没发现，甚至连土耳其军队的踪影也没发现，而且战后土耳其也一口咬定从未在圣贝尔附近俘虏过一名英国陆军士兵。

有人猜测，这可能和"第四度空间"有关，这一连队英国陆军在追击中凑巧走向通往第四度空间的入口，因此便在人们的眼皮底下消失了，但这种猜测似乎又毫无根据……

探索失踪奥秘

英国曾下决心揭开这341名官兵失踪的奥秘。英国派出气象学家在圣贝尔山丘做了非常细致的调查，发现山丘上的大小石块竟然呈现旋涡状，直径约达1000米。后来，人们还在荆棘上找到几块破碎的军服布料。附近居民也传说在距圣贝尔100多平方千米的山区曾发现过一些七零八落的骨骼。于是，他们猜想这个连队的官兵可能是在山丘上遇到了龙卷风的袭击，被极为强大的旋转气流卷走了。

然而，人们通过对历史上曾发生过的类似失踪事件的分析，这种猜想又有些站不住脚。

难以侦破的失踪案

1711年，4000余名西班牙士兵驻扎在派连民山上。第二天援军到达那里时，军营中营火依然燃烧着，马匹、火炮原封不动，而数千名官兵却全部消失了。军方搜寻了好几个月，官兵仍然全无踪影。

1930年春天的一个夜晚，加拿大北部的一个小村庄里的100余名因纽特人突然失踪，而且连村头的坟墓也被掘开，埋在里面的尸骨不翼而飞，只有衣物、食具和炊具等生活用品完好无损。如果说被别人所掳，为什么毫无痕迹？如果说和"第四度空间"有关，那他们又未曾走动；如果说被龙卷风卷走，为什么火仍燃烧着，物品仍留着……于是，也有人只好将之解释为可能被"外星人"掳获走了。总之，迄今为止仍然没有答案。

延 伸 阅 读

"第四度空间"是由爱因斯坦在他的相对空间理论中提出的。第一度空间指线，第二度空间指平面，第三度空间指立体，第四度空间指超越现实的幻想世界。